바르게 인사해요

✳ 그림의 상황에 알맞은 인사말을 보기에서 찾아 빈칸에 쓰세요.

참 잘했어요!

보기 안녕하세요?   다녀오겠습니다.   친구야 안녕?   안녕히 주무세요.

상황에 맞는 인사를 해요

※ 그림에 알맞은 인사말을 보기에서 찾아 빈칸에 쓰세요.

참 잘했어요!

보기	생일축하해!	고마워!	미안해.	괜찮아.

2

동물 농장에 갔어요

흉내말

✽ 그림에 알맞은 말을 보기에서 골라 빈칸에 써 보세요.

 보기　　　꿀꿀　　　멍멍　　　꽥꽥　　　음메음메

오리가 [ ][ ] 소리를 냅니다.

돼지가 [ ][ ] 웁니다.

강아지가 [ ][ ] 짖습니다.

소가 [ ][ ][ ][ ] 웁니다.

3

흉내말

우리집에서 나는 소리예요

✳ 그림에 알맞은 말을 보기에서 골라 빈칸에 써 보세요.

참 잘했어요!

보기

| 으앙 | 째깍째깍 | 보글보글 | 딩동딩동 |

라면이 ☐☐☐☐ 끓습니다.

시계가 ☐☐☐☐ 움직입니다.

아기가 ☐☐ 웁니다.

초인종을 ☐☐☐☐ 누릅니다.

어디로 가는 걸까요?

✳ 그림에 알맞은 말을 보기에서 골라 빈칸에 써 보세요.

보기

| 뒤뚱뒤뚱 | 엉금엉금 | 나풀나풀 | 깡충깡충 |

나비가 ☐☐☐☐

날아갑니다.

오리가 ☐☐☐☐

걸어갑니다.

거북이 ☐☐☐☐

기어갑니다.

토끼가 ☐☐☐☐

뛰어갑니다.

흉내말

모양을 흉내내어 보아요

✱ 그림에 알맞은 말을 보기에서 골라 빈칸에 써 보세요.

참 잘했어요!

보기

| 쨍쨍 | 반짝반짝 | 뻘뻘 | 아장아장 |

아기가 ☐☐☐☐

걷습니다.

땀이 ☐☐

흐릅니다.

해가 ☐☐

내려쬡니다.

별이 ☐☐☐☐

빛납니다.

6

흉내말

동물 농장에서 노래자랑을 해요

✳ □안에 동물들의 노래를 흉내내는 말의 스티커를 붙여 보세요.

참 잘했어요!

7

'은', '는'을 알 수 있어요

참 잘했어요!

✳ 그림에 알맞은 말을 보기에서 골라 빈칸에 써 보세요.

보기   는   은

기린 ☐ 목이 길어요.

강아지 ☐ 귀여워요.

기차 ☐ 빨라요.

사슴 ☐ 뿔이 있어요.

8

'이', '가'를 알 수 있어요

※ 빈칸에 알맞은 말을 보기에서 찾아 쓰세요.

참 잘했어요!

보기 이   가

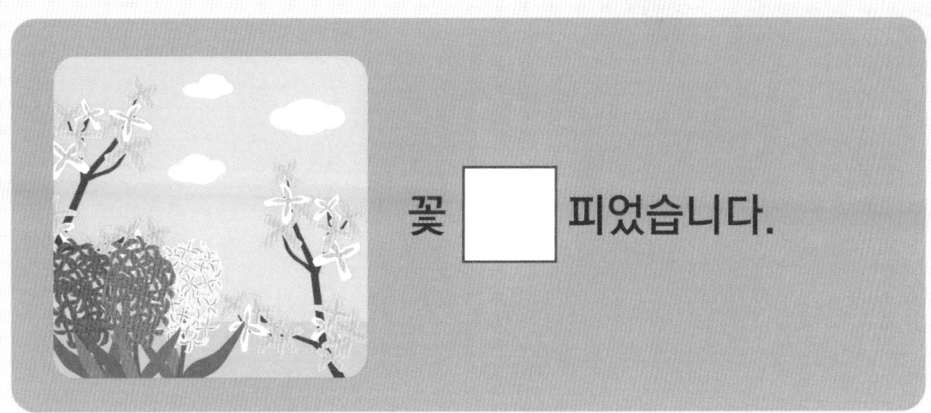
꽃 ☐ 피었습니다.

고양이 ☐ 잠을 자요.

사자 ☐ 화가 났어요.

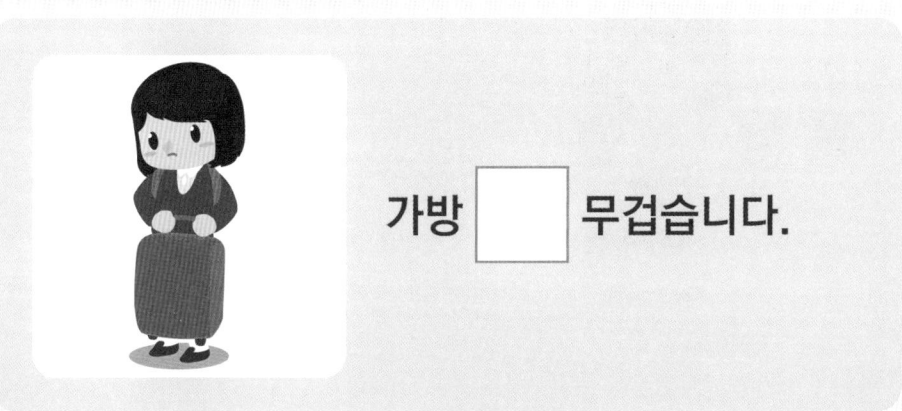
가방 ☐ 무겁습니다.

'을', '를'을 알 수 있어요

❋ 그림을 보고 빈칸에 알맞은 스티커를 붙이세요.

참 잘했어요!

눈싸움 ☐ 해요.

자전거 ☐ 타요.

청소 ☐ 해요.

사탕 ☐ 먹어요.

'와', '과'를 알 수 있어요

✳ 그림을 보고, 맞는 것에 ○하고, 문장을 다시 써 보아요.

참 잘했어요!

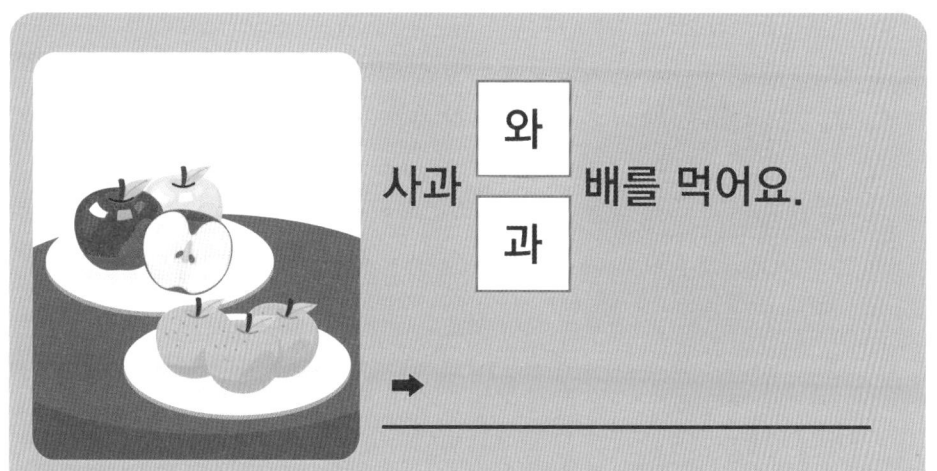

사과 [와/과] 배를 먹어요.

➡ _____

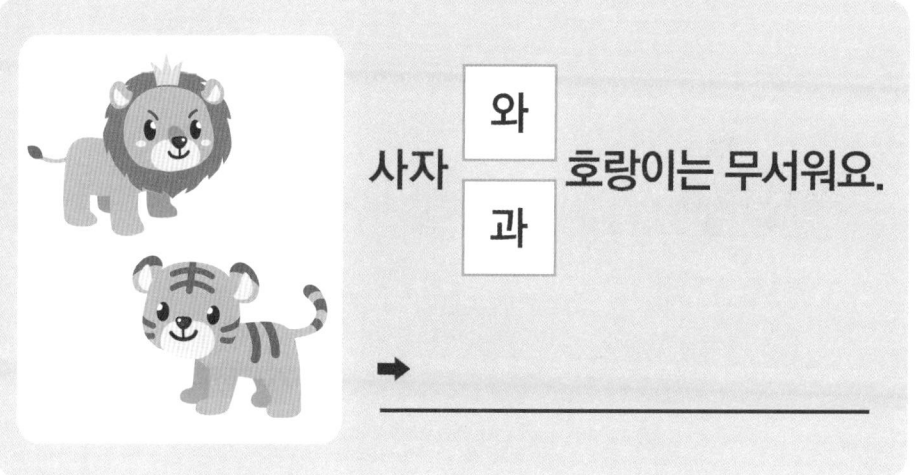

사자 [와/과] 호랑이는 무서워요.

➡ _____

개 [와/과] 고양이를 키워요.

➡ _____

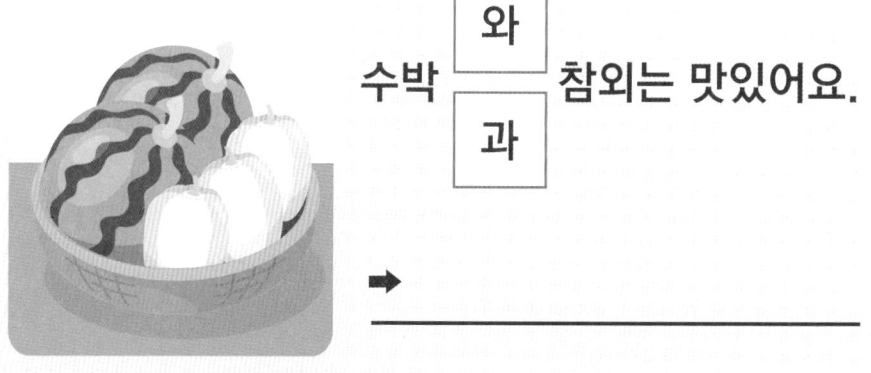

수박 [와/과] 참외는 맛있어요.

➡ _____

'로', '으로'를 알 수 있어요

참 잘했어요!

도움말

✳ 그림을 보고 빈칸에 알맞은 스티커를 붙이세요.

색종이 ☐ 비행기를 만들어요.

산 ☐ 등산을 갔어요.

수건 ☐ 거울을 닦아요.

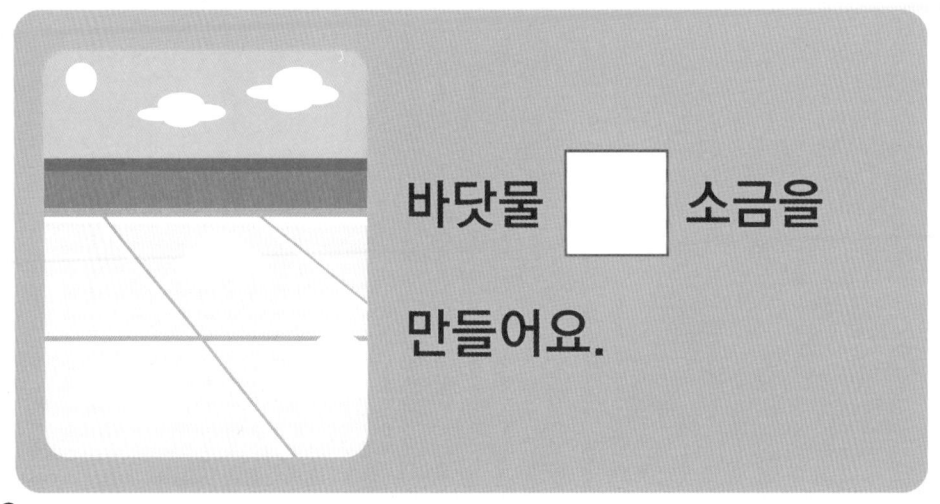

바닷물 ☐ 소금을 만들어요.

'에게', '에서'를 알 수 있어요

참 잘했어요!

※ 그림에 알맞은 말을 보기에서 찾아 빈칸에 쓰세요.

보기 | 에게   에서

친구 ☐☐

선물을 받았어요.

토끼 ☐☐

당근을 줬어요.

동물원 ☐☐

낙타를 봤어요.

과수원 ☐☐

사과를 땄어요.

어떤 낱말이 어울릴까요?

✳ 그림을 보고, 어울리는 말을 찾아 ○해 보세요.

참 잘했어요!

개미가 | 예쁘게 / 열심히 |

일을 해요.

비가 | 주룩주룩 / 졸졸졸 |

내려요.

별이 | 산들산들 / 반짝반짝 |

빛나요.

아기가 | 새근새근 / 데굴데굴 |

자요.

꾸미는 말

어떤 낱말이 어울릴까요?

✳ 그림을 보고, 꾸며주는 말을 보기에서 찾아 쓰세요.

참 잘했어요!

보기

| 열심히 | 정답게 | 맛있는 | 깨끗이 |

☐ 복숭아가

있어요.

새들이 ☐

노래를 불러요.

청소를 ☐

해요.

공부를 ☐

해요.

15

어떤 낱말이 어울릴까요?

✱ 그림을 보고, 문장에 어울리는 말을 찾아 ○하세요.

눈이 [재미있게 / 갑자기] 내려요.

윤희는 [신나게 / 예쁘게] 자전거를 타요.

토끼가 [엉금엉금 / 깡충깡충] 뛰어가요.

시냇물이 [줄줄 / 졸졸졸] 흘러요

이어주는 말

'그리고', '그러나'를 알 수 있어요

❋ 그림을 보고, 두 문장을 이을 때 이어주는 말이 맞는 것에 ○해 보세요.

참 잘했어요!

그리고

그러나

꽃을 심었어요.

물을 주었어요.

그리고

그러나

소나기가 내려요.

우산이 없어요.

이어주는 말

'그래서', '그런데'를 알 수 있어요

✳ 그림을 보고, 두 문장을 이을 때 이어주는 말이 맞는 것에 ○해 보세요.

참 잘했어요!

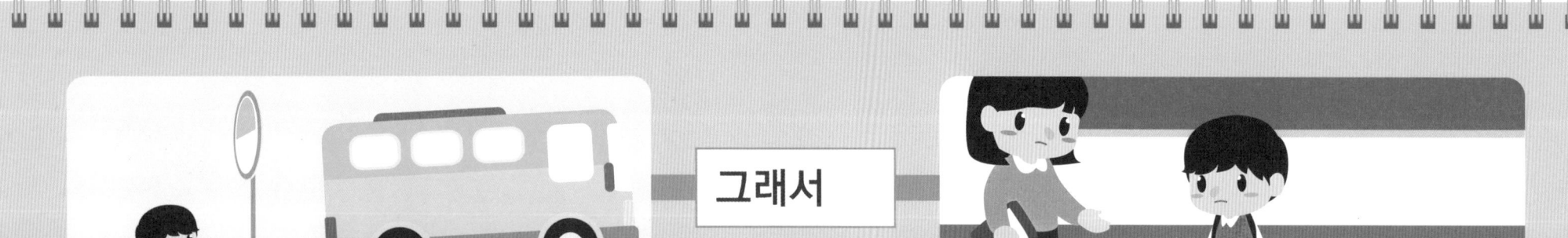

그래서

그런데

버스를 놓쳤어요.

학교에 늦었어요.

그래서

그런데

달리기 연습을 열심히 했어요.

2등을 했어요.

18

이어주는 말을 알아요

✳ 문장을 어울리게 이어주는 말을 찾아 ○해 보세요.

참 잘했어요!

| 그리고 |
| 그러나 |

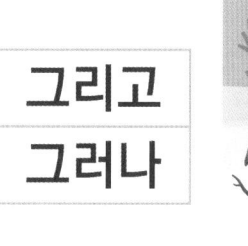

여름은 덥다

겨울은 춥다

| 그런데 |
| 그래서 |

초콜릿은 달다

약은 쓰다

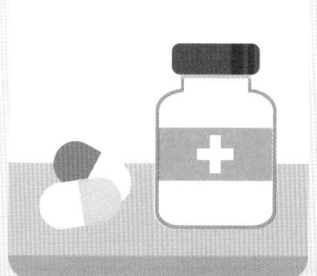

| 그리고 |
| 그러나 |

강아지는 귀엽다

사자는 무섭다

| 그런데 |
| 그래서 |

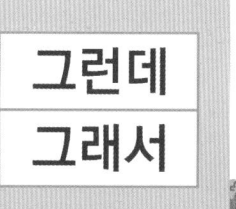

토끼는 빠르다

거북은 느리다

19

언제일까요?

✳ 문장에 알맞은 스티커를 붙이고, 읽어 보세요.

참 잘했어요!

보기   어제   지금   내일

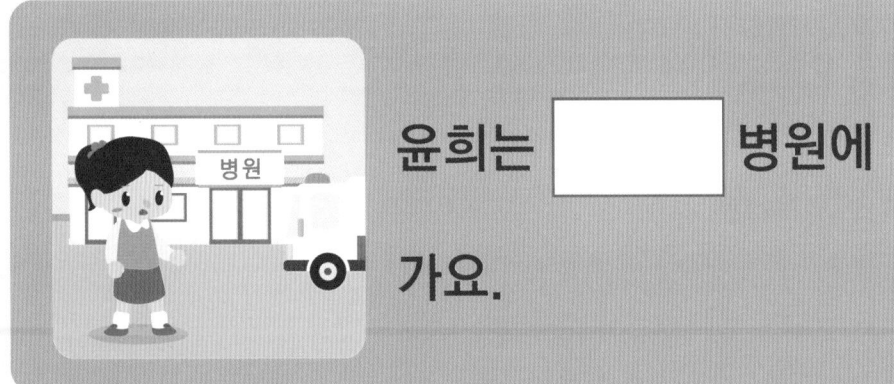
윤희는 □ 병원에 가요.

영애는 □ 동화책을 읽었어요.

영수는 □ 할머니댁에 갈 거예요.

예주는 □ 드럼을 쳐요.

때를 알아요

✳ 때에 따라 말의 모양이 달라지도록 써 보세요.

참 잘했어요!

어제	연을	날렸어요.
지금	연을	날리고 있어요.
내일	연을	날릴 거예요.

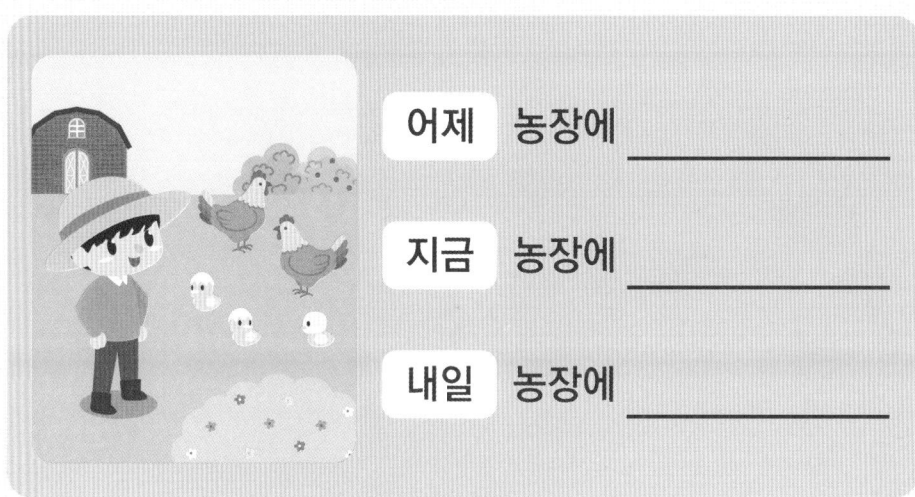

어제	농장에	_____
지금	농장에	_____
내일	농장에	_____

어제	자전거를	_____
지금	자전거를	_____
내일	자전거를	_____

어제	줄넘기를	_____
지금	줄넘기를	_____
내일	줄넘기를	_____

어느 때일까요?

✳ 문장을 읽고, 때(어제, 지금, 내일)를 나타내는 말을 □안에 써 보세요.

참 잘했어요!

□ 시장에 갔습니다.

□ 시장에 갑니다.

□ 시장에 갈 것입니다.

□ 케이크를 먹었다.

□ 케이크를 먹는다.

□ 케이크를 먹을 것이다.

□ 눈이 펑펑 내렸다.

□ 눈이 펑펑 내리고 있다.

□ 눈이 펑펑 내릴 것이다.

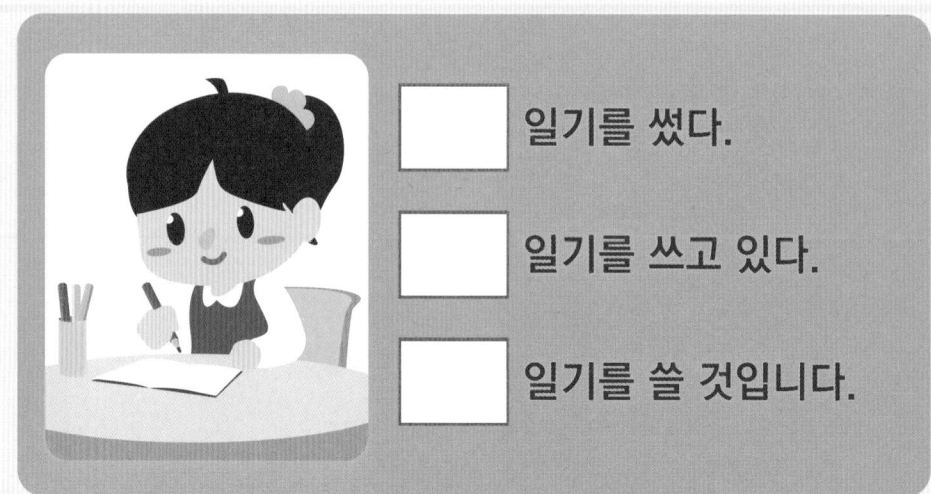

□ 일기를 썼다.

□ 일기를 쓰고 있다.

□ 일기를 쓸 것입니다.

22

때를 알아요

※ ○안에 쓰인 때에 맞는 말을 찾아 ○해보세요.

참 잘했어요!

나미는 　지금　 책을

읽었어요.
읽고 있어요.
읽을 거예요.

지원이는 　어제　 맛있는 음식을

먹었어요.
먹고 있어요.
먹을 거예요.

효진이는 　내일　 소풍을

갔어요.
가고 있어요.
갈 거예요.

23

느낌을 알아요

느낌말

* 그림에 맞는 느낌을 말하고, 바르게 써 보세요.

참 잘했어요!

기	쁘	다

슬	프	다

덥	다

춥	다

좋	다

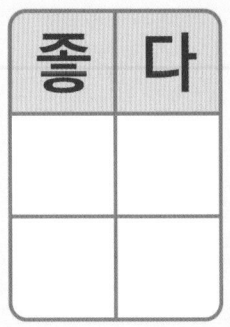

싫	다

24

느낌을 표현해요

참 잘했어요!

✱ 느낌을 나타내는 낱말을 읽고 바르게 써 보세요.

부	드	럽	다

딱	딱	하	다

무	섭	다

시	원	하	다

25

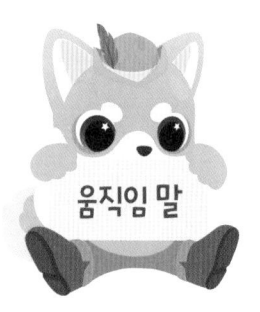

움직임 말

움직임을 알아요

참 잘했어요!

* 움직임을 나타내는 말이에요. □안에 알맞은 스티커를 붙여 보세요.

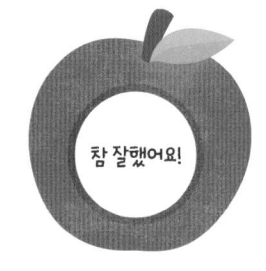

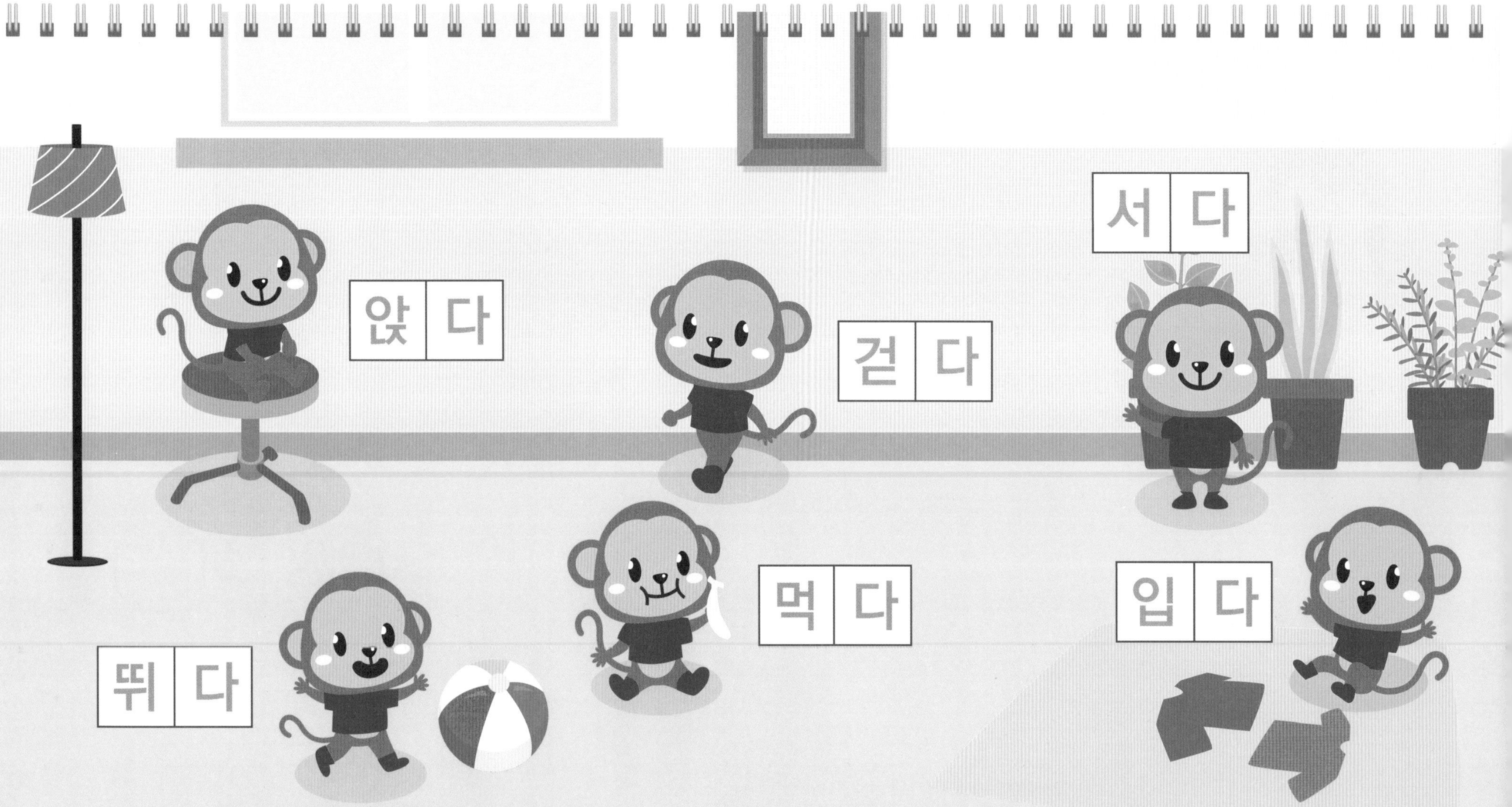
앉다
걷다
서다
뛰다
먹다
입다

움직임을 알아요

✳ 다음 낱말을 읽고, 따라 써보세요.

참 잘했어요!

앉	다

걷	다

서	다

뛰	다

먹	다

입	다

움직임 말

행동을 나타내요

✳ 다음 행동을 나타내는 낱말을 읽고, 따라 써보세요.

참 잘했어요!

읽	다

말	하	다

쓰	다

그	리	다

노	래	하	다

28

'이것'과 '저것'을 알아요

참 잘했어요!

가리키는 말

✳ 가까이 있는 것은 '이것', 멀리 있는 것은 '저것' 이라고 해요. 빈칸에 알맞은 스티커를 붙이세요.

이것 은 도토리이고, 저것 은 밤입니다.
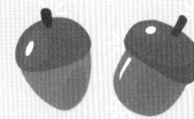 

이것 은 꽃이고, 저것 은 나무입니다.

이것 은 선물이고, 저것 은 케익입니다.

가리키는 말 써보기

참 잘했어요!

✷ 문장을 읽고, 따라 써 보세요.

이	것	은		튜	브	입	니	다	.

저	것	은		말	입	니	다	.	

이	것	은		모	자	입	니	다	.

30

반대말을 알아요

✳ 서로 뜻이 반대인 낱말을 읽고, 바르게 써 보세요.

참 잘했어요!

높	다

크	다

넓	다

낮	다

작	다

좁	다

31

반대말을 찾아요

✳ 그림을 보고, 반대말에 ○하세요.

참 잘했어요!

덥다	춥다
입다	벗다
많다	적다

열다	닫다
웃다	울다
피다	지다

32

위치 말

위치를 알아요

✳ 동물친구들이 놀이터에서 놀고 있어요. 위치에 맞는 글자 스티커를 붙여 보세요.

참 잘했어요!

뒤

위

오른쪽

안

어디 일까요?

✳ 위치를 나타내는 말을 읽고, 바르게 써보세요.

참 잘했어요!

안	안	안	밖	밖	밖

왼	쪽	오	른	쪽

앞	앞	앞	뒤	뒤	뒤

사	이	옆	옆	옆

34

위치 말

숨바꼭질 놀이를 해요.

❋ 어디에 어떤 동물이 숨어 있는지 찾아보세요.

참 잘했어요!

세어 보아요

참 잘했어요!

✳ 빈칸에 수를 셀 때 쓰는 말을 보기에서 찾아 스티커를 붙이세요.

 **보기**

| 장 | 대 | 마리 | 개 |

 고양이가 한 ☐

있어요.

 자전거가 두 ☐

있어요.

 당근이 세 ☐

있어요.

 색종이가 네 ☐

있어요.

세어 보아요

세는 단위

✳ 빈칸에 수를 셀 때 쓰는 말을 보기에서 찾아 쓰세요.

참 잘했어요!

보기 그루   자루   송이   권

동화책이 두 ☐ 있어요.

사과나무가 한 ☐ 있어요.

꽃이 세 ☐ 있어요.

연필이 네 ☐ 있어요.

세는 단위

공원에서 볼 수 있어요

❋ 곰 가족이 공원에 갔어요. 빈칸에 알맞은 말을 보기에서 찾아 쓰세요.

참 잘했어요!

보기

송이	그루
마리	대

강아지가 한 ☐ 있어요.

나무가 두 ☐ 있어요.

꽃이 세 ☐ 있어요.

풍차가 한 ☐ 있어요.

38

사계절을 알아 보아요

참 잘했어요!

✳ 봄, 여름, 가을, 겨울의 사계절이 있어요. 그림에 맞게 사계절의 이름을 스티커로 붙이세요.

열두 달을 알아 보아요

❋ 일년은 열두 달이에요. 각 달의 이름을 말해 보세요.

참 잘했어요!

일월

이월

삼월

사월

오월

유월

칠월

팔월

구월

시월

십일월

십이월

요일을 알아요

요일

✳ 일주일에는 각각의 요일이 있어요. 각 요일의 이름을 읽고, 따라 써 보세요.

참 잘했어요!

일	요	일
일	요	일

월	요	일
월	요	일

화	요	일
화	요	일

수	요	일
수	요	일

목	요	일
목	요	일

금	요	일
금	요	일

토	요	일
토	요	일

41

알록달록 색깔을 알아요

참 잘했어요!

색깔

✻ 다음의 색깔 이름을 읽고, 따라 써 보세요.

	빨	강

	주	황

	노	랑

	초	록

	파	랑

	보	라

어울리게 문장을 만들어요

✳ 그림을 보고 어울리는 문장이 되도록 써 보세요.

참 잘했어요!

귀여워요.	햄스터가

➡ _____

예뻐요.	꽃이

➡ _____

맛있어요.	케이크가

➡ _____

날아가요.	새가

➡ _____

문장을 써 보세요.

참 잘했어요!

❋ 그림을 보고 어울리는 문장이 되도록 써 보세요.

| 떴습니다. | 둥근 | 해가 |

➡ _____

| 유정이가 | 읽습니다. | 동화책을 |

➡ _____

| 내립니다. | 비가 | 시원한 |

➡ _____

44

그림일기 써 보기

참 잘했어요!

✳ 오늘의 날짜와 날씨를 쓰고, 그림일기를 써 보세요.

_____ 월 _____ 일 _____ 요일   날씨:_____

받아 쓰기

※ 어머니께서 불러주는 문장을 잘 듣고, 받아 써 보세요.

<받아 쓰기>

1 _____

2 _____

3 _____

4 _____

5 _____

6 _____

7 _____

틀린 문장 다시 쓰기

문장 순서 바꾸기

✱ 문장의 뜻이 통하도록 말의 순서를 바꾸어 □ 안에 쓰세요.

참 잘했어요!

개구리가　　연못에서　　놀고 있습니다.

원숭이가　　나무 위로　　올라 갔습니다.

문장 순서 바꾸기

❋ 문장의 뜻이 통하도록 말의 순서를 바꾸어 □ 안에 쓰세요.

참 잘했어요!

다람쥐는   밤을   좋아해요.

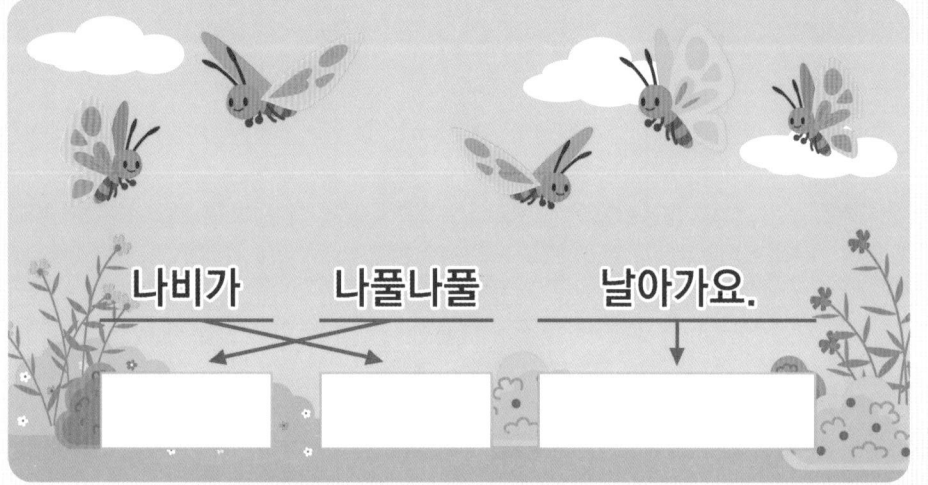

나비가   나풀나풀   날아가요.

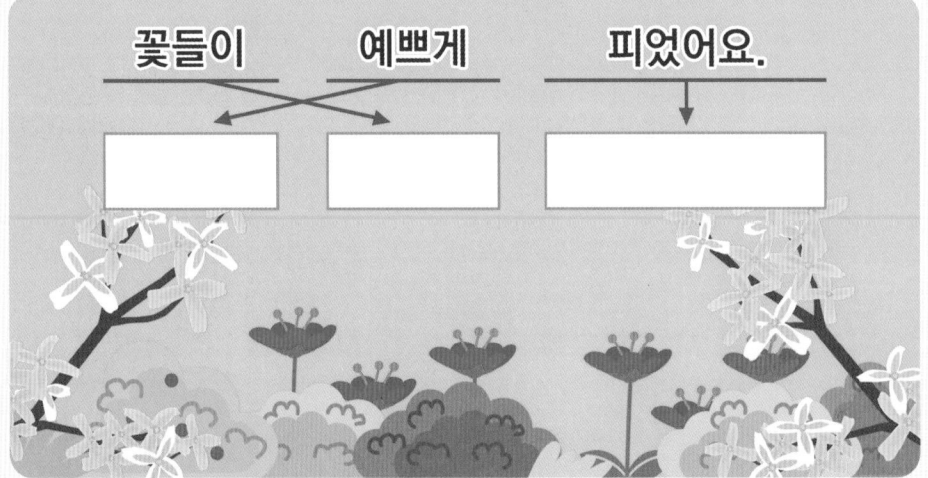

꽃들이   예쁘게   피었어요.

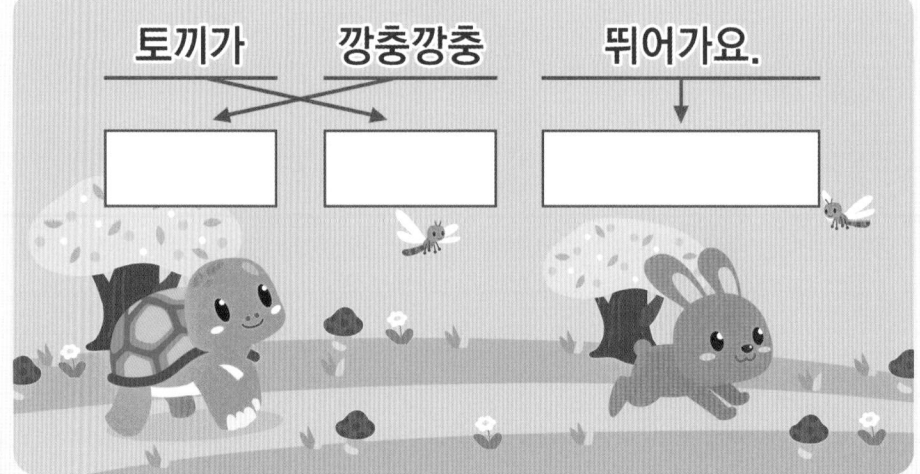

토끼가   깡충깡충   뛰어가요.

48

문장 순서 바꾸기

문장 순서

❋ 말의 순서를 바꾸어 따라 쓰고, 빈칸에 다시 쓰세요.

참 잘했어요!

하늘로 풍선이 날아갑니다.

| 풍선이 | 하늘로 | 날아갑니다. |

➡ 날아갑니다.

코스모스가 들판에 피었습니다.

| 들판에 | 코스모스가 | 피었습니다. |

➡ 피었습니다.

49

문장 순서 바꾸기

※ 문장의 뜻이 통하도록 말의 순서를 바꾸어 □ 안에 쓰세요.

참 잘했어요!

나무꾼은   열심히   일을 합니다.

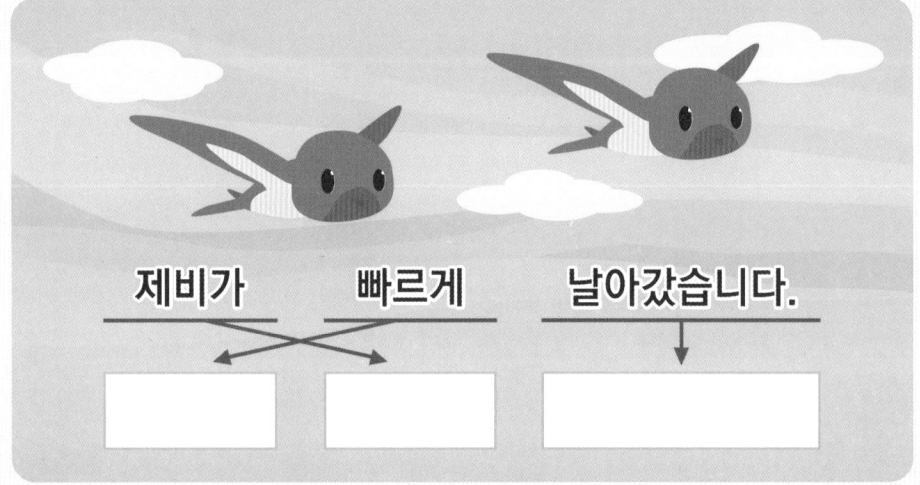

제비가   빠르게   날아갔습니다.

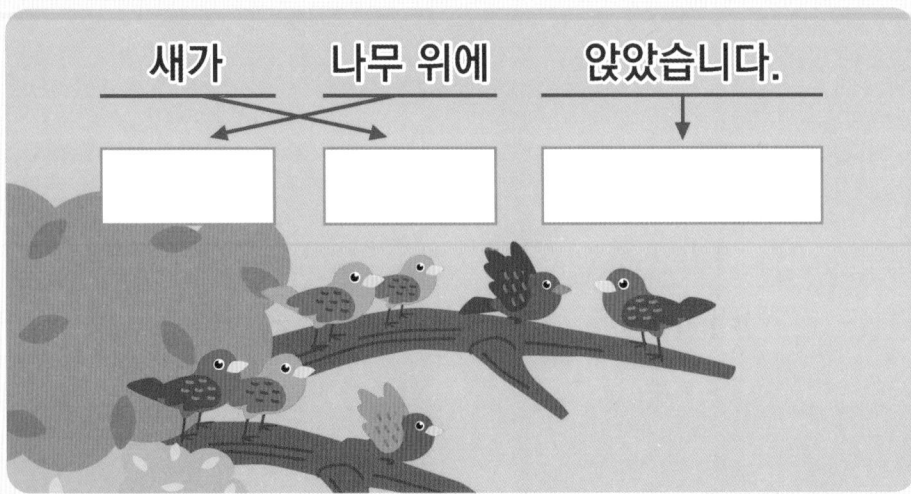

새가   나무 위에   앉았습니다.

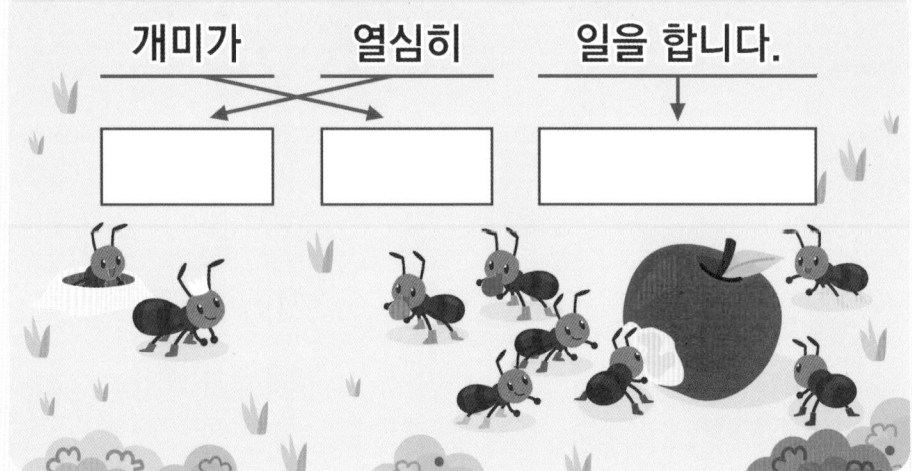

개미가   열심히   일을 합니다.

문장 순서 바꾸기

참 잘했어요!

※ 문장의 뜻이 통하도록 말의 순서를 바꾸어 쓰세요.

토끼가　　　당근을　　　좋아합니다.

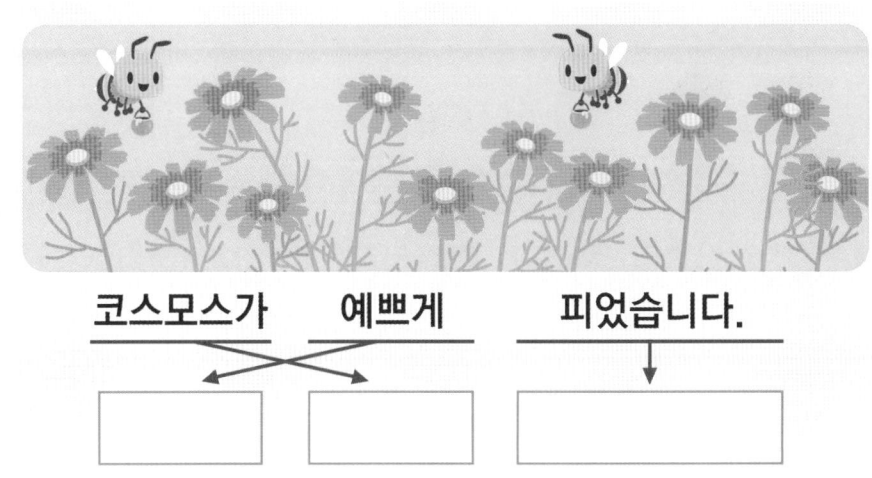

코스모스가　　　예쁘게　　　피었습니다.

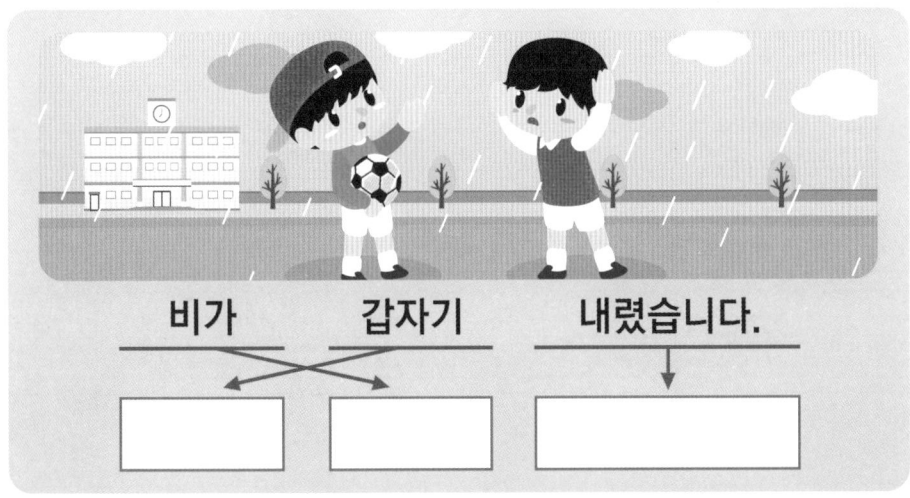

비가　　　갑자기　　　내렸습니다.

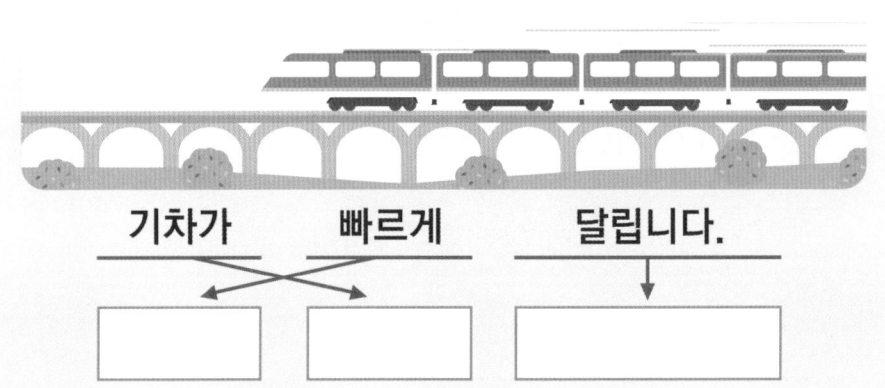

기차가　　　빠르게　　　달립니다.

문장 순서 바꾸기

❋ 말의 순서를 바꾸어 스티커를 붙이세요.   ❋ 글을 읽고, 바르게 따라 쓰세요.

참 잘했어요!

축구를 → 열심히 → 했습니다.

과자를 → 맛있게 → 먹었습니다.

축	구	를		했	습	니	다	.	
공	원	에	서		놀	았	습	니	다	.
과	자	를		먹	었	습	니	다	.

52

문장 순서 바꾸기

문장 순서

❋ 뜻이 통하도록 말의 순서를 바꾸어 쓰세요.　　❋ 글을 읽고, 바르게 따라 쓰세요.

참 잘했어요!

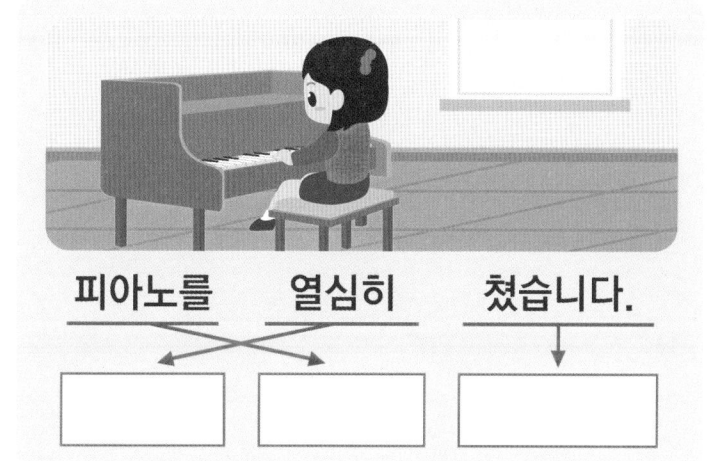

피아노를　　열심히　　쳤습니다.

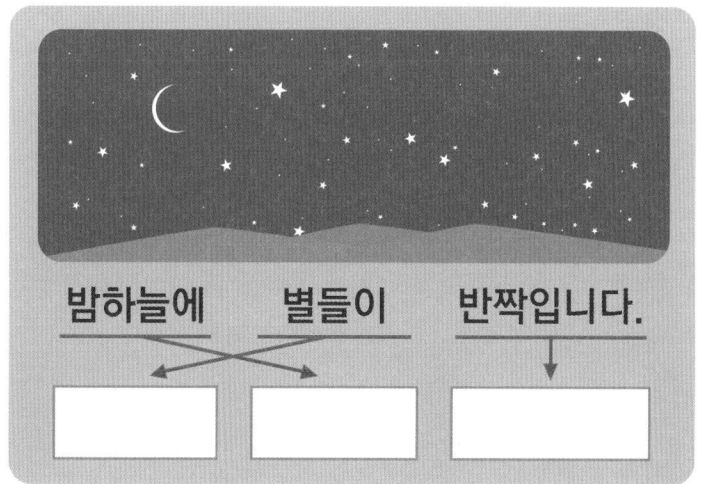

밤하늘에　　별들이　　반짝입니다.

피	아	노	를		쳤	습	니	다	.
여	우	가		뛰	어	갑	니	다	.
별	들	이		반	짝	입	니	다	.

53

문장 바꾸어 쓰기

✳ 문장의 뜻이 통하도록 말의 순서를 바꾸어 쓰세요.

참 잘했어요!

정원에 꽃이 활짝 피었습니다.

➡ 꽃이

맑은 하늘에 무지개가 떴습니다.

➡ 무지개가

54

문장 바꾸어 쓰기

문장 바꾸기

❋ 문장의 뜻이 통하도록 말의 순서를 바꾸어 쓰세요.

참 잘했어요!

잔디밭을 토끼가 뛰어갑니다.

➡

밤하늘에 별들이 반짝입니다.

➡

연못에서 오리들이 놀고 있습니다.

➡

시냇가에서 물고기를 잡았습니다.

➡

문장 바꾸어 쓰기

참 잘했어요!

✵ 문장의 뜻이 통하도록 말의 순서를 바꾸어 쓰세요.

하늘에 구름이 뭉게뭉게 피었습니다.

➡

나비를 꽃밭에서 보았습니다.

➡

피아노를 동생이 신나게 칩니다.

➡

굴뚝에서 연기가 납니다.

➡

문장 완성하기

※ 문장이 되도록 선으로 이으세요.　　　　　※ 빈칸에 들어갈 알맞은 말을 찾아 스티커를 붙이세요.

참 잘했어요!

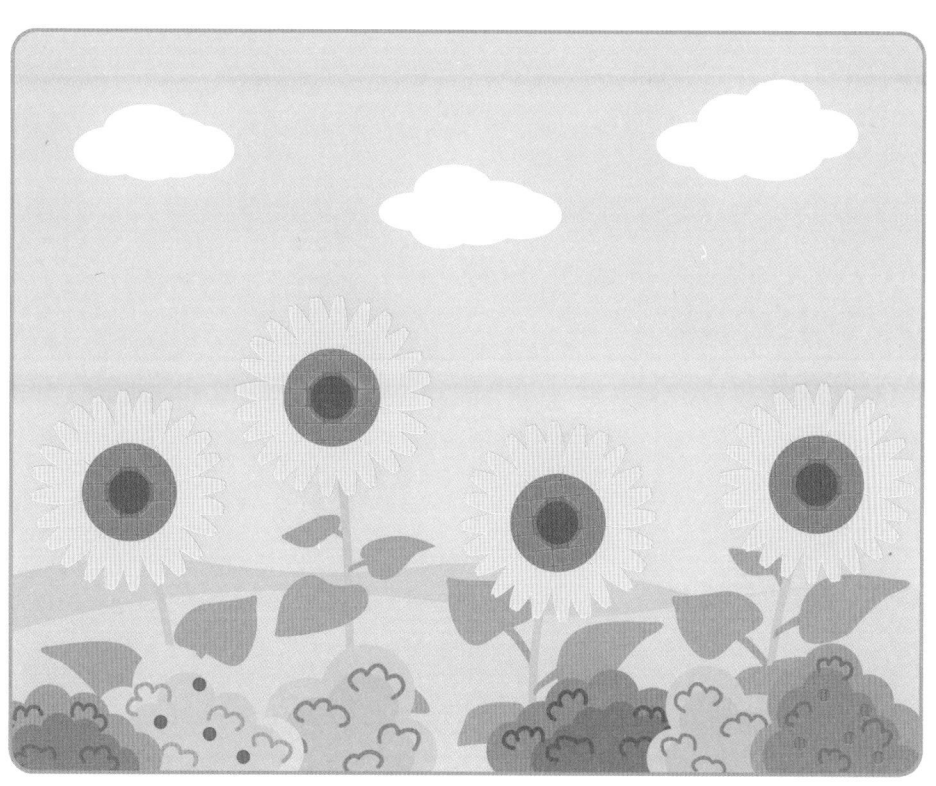

피었습니다.　　　　달립니다.

하늘이 ●	● 파랗습니다.
꽃이 ●	● 피었습니다.

| 산에 꽃이 | |
| 토끼가 꽃밭을 | |

57

문장 완성하기

문장 완성

참 잘했어요!

※ 문장이 완성되도록 선으로 이으세요.

※ ( ) 안의 말을 넣어 문장을 쓰세요.

기차가 •	• 엉금엉금 기어 갑니다.
거북이 •	• 칙칙폭폭 달려갑니다.

시냇물이 흐릅니다. (졸졸졸)

➡ _____

58

문장 완성하기

✳ 문장에 어울리게 (　　　) 안의 말을 넣어 완성하세요.

참 잘했어요!

비행기가 날아갑니다. (하늘 높이)

➡

아기가 잠을 잡니다. (새근새근)

➡

자동차가 달려갑니다. (빠르게)

➡

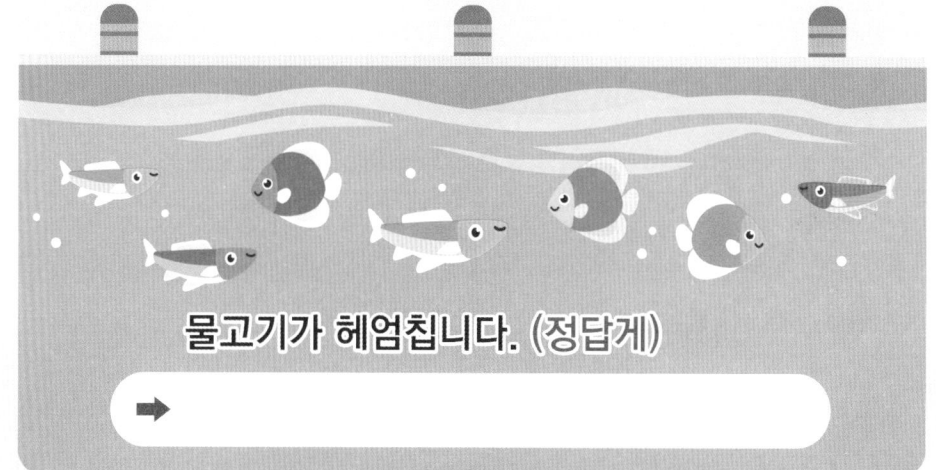

물고기가 헤엄칩니다. (정답게)

➡

문장 완성하기

문장 완성

참 잘했어요!

무지개가 떴습니다.

➡ 무지개가 하늘에 떴습니다.

거북이 기어갑니다.

➡ _____

원숭이는 좋아합니다.

➡ _____

토끼가 뛰어갑니다.

➡ _____

우리는 심었습니다.

➡ _____

운동을 합니다.

➡ _____

60

문장 만들기

✳ 문장의 뜻이 통하도록 글의 순서를 바르게 하여 문장을 만드세요.

참 잘했어요!

토끼의　매우　깁니다.　귀는

➡

장난감을　아기가　놀고 있습니다.　가지고

➡

61

문장 만들기

참 잘했어요!

✳ 글의 순서를 바르게 하여 문장을 만드세요.

병아리와 · 연못에 · 개구리들이 · 놀고 있습니다

➡

열심히 · 공부를 · 경미는 · 합니다

➡

많습니다 · 나무와 · 동산에 · 꽃이

➡

풍성합니다 · 과일이 · 곡식과 · 가을에는

➡

62

문장 만들기

✳ 글의 순서를 바르게 하여 문장을 만드세요.

참 잘했어요!

놀았습니다. 놀이터에서 명희는

➡

하늘에 흘러갑니다. 파란 구름이

➡

부지런히 농부는 일합니다. 하루종일

➡

갑자기 내렸습니다. 소나기가 하늘에서

➡

63

문장 만들기

✳ 한 문장을 두 문장으로 나누어 스티커를 붙이세요.

참 잘했어요!

토끼의 다리는 짧고 귀는 깁니다.

➡

➡

여름은 덥고 겨울은 춥습니다.

➡

➡

64

문장 만들기

✳ 한 문장을 두 문장으로 나누어 쓰세요.

참 잘했어요!

비가 와서 우산을 씁니다.

➡ 비가 왔습니다. 그래서 우산을 씁니다.

눈이 와서 눈사람을 만들었습니다.

➡

선물을 받아서 기분이 좋습니다.

➡

바람이 불어서 나뭇잎이 떨어졌습니다.

➡

65

문장 만들기

✳ 한 문장을 두 문장으로 나누어 쓰세요.

참 잘했어요!

아이스크림은 달콤하고 시원합니다.
➡ 아이스크림은 달콤합니다. 그리고 시원합니다.

토끼는 작고 귀엽습니다.
➡

겨울은 춥고 눈이 많이 내립니다.
➡

꽃이 피어서 나비가 날아왔습니다.
➡

66

문장 이어 쓰기

문장 쓰기

✳ 두 문장을 한 문장으로 만드세요.

참 잘했어요!

꽃밭에 왔습니다. 잠자리를 보았습니다.

➡ _____

비가 왔습니다. 우산을 쓰고 갔습니다.

➡ _____

67

문장 이어 쓰기

✳ 두 문장을 한 문장으로 만드세요.

참 잘했어요!

· 눈이 내립니다.

· 기분이 좋습니다.

➡ _____

· 공원에 왔습니다.

· 자전거를 탑니다.

➡ _____

· 바람이 불었습니다.

· 나뭇잎이 떨어졌습니다.

➡ _____

· 선물을 받았습니다

· 기분이 좋습니다.

➡ _____

문장 이어 쓰기

❋ 두 문장을 한 문장으로 만드세요.

참 잘했어요!

· 저녁을 먹습니다.
· 배가 부릅니다.
➡

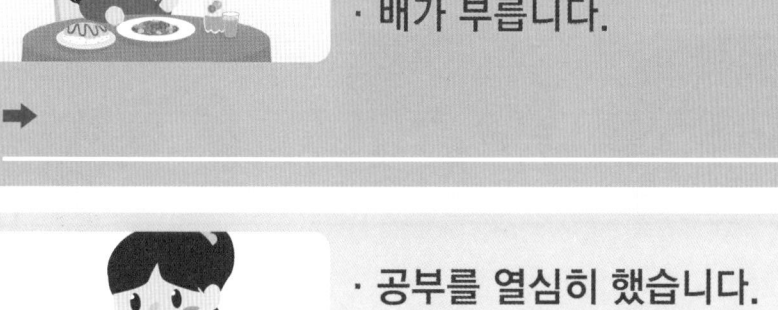
· 햇살이 따뜻합니다.
· 기분이 좋습니다.
➡

· 공부를 열심히 했습니다.
· 시험을 잘 봤습니다.
➡

· 몸이 아팠습니다.
· 병원에 입원했습니다.
➡

· 늑대는 사납습니다.
· 힘이 셉니다.
➡

· 겨울은 춥습니다.
· 옷을 따뜻하게 입습니다.
➡

문장 이어 쓰기

✳ 두 문장을 한 문장으로 만드세요.

참 잘했어요!

함박눈이 내립니다. 아이들이 뛰어다닙니다.

➡ _____

생일 파티를 했습니다. 선물을 많이 받았습니다.

➡ _____

70

문장 이어 쓰기

※ 두 문장을 한 문장으로 만드세요.

참 잘했어요!

· 놀이터에 갔습니다.

· 재미있게 놀았습니다.

➡

· 엄마와 쿠키를 만듭니다.

· 고소한 냄새가 납니다.

➡

· 운동을 열심히 했습니다.

· 숨이 찹니다.

➡

아이스크림

· 아이스크림을 먹었습니다.

· 배탈이 났습니다.

➡

문장 부호 알기

✳ 문장 부호를 어떻게 쓰는지 읽어 보세요.

참 잘했어요!

온점	**물음표**
➡ 문장이 끝났을 때	➡ 물음을 나타낼 때
반점	**작은 따옴표**
➡ 문장을 중간에 끊어 읽을 때	➡ 마음 속 말을 인용할 때
느낌표	**큰 따옴표**
➡ 느낌, 감정을 나타낼 때	➡ 직접 대화할 때

문장 부호 알기

✳ 문장 부호를 쓰고 읽어 보세요.

참 잘했어요!

✳ 문장 부호 온점(.)과 반점(,)에 주의하여 문장을 쓰세요.

	어	머	니	,	고	맙	습	니	다	.	

✳ 문장 부호 물음표(?)에 주의하여 문장을 쓰세요.

	무	엇	을		좋	아	하	세	요	?	

문장 부호 알기

※ 문장 부호를 쓰고 읽어 보세요.

참 잘했어요!

※ 문장 부호 느낌표(!)에 주의하여 문장을 쓰세요.

	꽃	이		많	이		피	었	네	!	

※ 문장 부호 큰 따옴표(" ")에 주의하여 문장을 쓰세요.

	"	경	치	가		아	름	답	다	.	"

74

문장 부호 알기

참 잘했어요!

✳ 빈칸에 알맞은 문장 부호를 넣고 따라서 써 보세요.

식	사	는		하	셨	나	요		

풍	경	이		아	름	답	구	나	

할	머	니		사	랑	해	요		

문장 부호 알기

문장 부호

❋ 문장 부호를 생각하며 읽고 써 보세요.

		"	유	진	이	구	나	,	잘
	있	었	니	?	"				
		"	누	구	세	요	?	"	
		"	나	,	승	호	야	.	"

76

문장 부호 알기

문장 부호

✳ 문장 부호를 쓰고 읽어 보세요.

참 잘했어요!

✳ 문장 부호 물음표(?)에 주의하여 문장을 쓰세요.

그	동	안		잘		지	냈	니	?	

✳ 문장 부호 느낌표(!)에 주의하여 문장을 쓰세요.

단	풍	이		아	름	답	구	나	!	

문장 부호 알기

✴ 문장 부호를 쓰고 읽어 보세요.

참 잘했어요!

✴ 문장 부호 큰 따옴표(" ")에 주의하여 문장을 쓰세요.

		"	잘		먹	겠	습	니	다	. "		

✴ 문장 부호 온점(.)과 반점(,)에 주의하여 문장을 쓰세요.

선	생	님	,	사	랑	합	니	다	.	

문장 부호 알기

✳ 문장 부호를 생각하며 읽고 써 보세요.

		"	민	주	야	,	놀	이	터	
에		가	자	!	"					
	"	그	래	!		뭐	하	고		
놀	거	야	?		좋	다	!	"		

79

문장 부호 알기

참 잘했어요!

❋ 있었던 일을 생각해 보고 문장 부호에 유의하여 그림 일기를 써 보세요.

		년		월		일		요일	날씨:		

대화글 만들기

글 만들기

✳ 알맞은 대화를 보기에서 찾아 써 보세요.

"그래, 좋아"

"으하하~ 넌 나를 이길 수 없을걸!"

zzz

"이때다! 얼른 올라가야지."

뒤늦게 일어난 토끼는 허겁지겁 뛰어갔지만 거북이가 이미 정상에 오른 후였어요.

대화글 만들기

참 잘했어요!

❉ 다음 그림을 보고 알맞은 스티커를 붙여 대화를 꾸며 보세요.

동시 만들기

❋ 다음 동시를 큰 소리로 읽어 보고 동시의 특징이 무엇인지 생각해 보세요.

참 잘했어요!

까치

성덕제

책책책 책책책책
응원을 하나 봐요
삼삼칠 박수를
어디서 배웠을까
꼬리를
흔들어 대며
책책책책 책책책

83

글 만들기

동시 만들기

참 잘했어요!

❋ 그림을 보고 '여름' 이라는 주제로 떠오르는 생각이나 느낌을 써 보세요.

84

동시 만들기

✳ 다음 그림을 보고 떠오르는 생각이나 느낌을 동시로 지어 보세요.

참 잘했어요!

일기 쓰기

글 만들기

참 잘했어요!

✳ 오늘 했던 일 중, 잘한 일과 잘못한 일을 구분하여 빈 곳에 써 보세요.

86

일기 쓰기

✳ 다음 일기를 읽으면서 빠진 문장 부호 스티커를 붙이세요.

참 잘했어요!

빛나의 일기

○ 월   ○ 일   ○ 요일   맑음

오늘은 엄마와 영화를 보았다 ☐

전부터 보고 싶은 영화였는데 ☐ 보게 되어 너무 즐거웠다.

영화를 보면서 ☐ 역시 착한 일을 하는 사람이 이기는구나 ☐ 라는 것을 느꼈다.

나는 부모님 말씀도 잘 듣고 착한 어린이가 되어야지 ☐

글 만들기

일기 쓰기

참 잘했어요!

✳ 오늘 있었던 일 중에서 가장 기억에 남는 일로 그림일기를 써 보세요.

년		월		일		요일		날씨:							

높임말 쓰기

* 빈칸에 들어갈 알맞은 높임말에 ○ 하고, 스티커를 붙이세요.

참 잘했어요!

| 밥 | 진 | 지 |

➡ 아버지께서 ＿＿＿＿＿를 드십니다.

| 말 | 말 | 씀 |

➡ 할아버지께서 을 하십니다.

| 생 | 신 | 생 | 일 |

➡ 오늘은 할아버지 ＿＿＿＿＿입니다.

| 는 | 께 | 서 |

➡ 아버지 회사에 가셨습니다.

89

높임말

높임말 쓰기

✽ 그림에 맞는 높임말을 찾아 ○ 하고, 바르게 써 보세요.

참 잘했어요!

할아버지께서 | 편찮으십니다. ☐ | ➡ _____
| 아픕니다. ☐ | _____

선생님께서 | 말했습니다. ☐ | ➡
| 말씀하셨습니다. ☐ | _____

어머니께서 시장에 | 갔습니다. ☐ | ➡
| 가셨습니다. ☐ | _____

높임말 쓰기

참 잘했어요!

✳ 다음 보기를 보고 높임말을 예사말로 고쳐 보세요.

보기

"얘들아, 조용히 해." 라고 반장이 말씀하셨습니다.

➡ "얘들아, 조용히 해." 라고 반장이 말했습니다.

친구께 선물을 드렸습니다.

➡ _____

영희께서 열심히 사회를 보고 계십니다.

➡ _____

높임말 쓰기

❋ 다음 보기를 보고 예사말을 높임말로 고쳐 보세요.

 할머니 두 명이 계십니다.

➡ 할머니 두 분이 계십니다.

어머니가 도와주었습니다.

➡ _____

선생님께서 공부를 합니다.

➡ _____

92

입학 전 한글떼기 6·7세

❋ IP
❋ 2P
❋ 3P
❋ 4P
❋ 5P
❋ 6P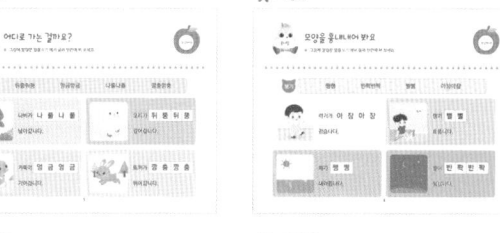

❋ 7P
❋ 8P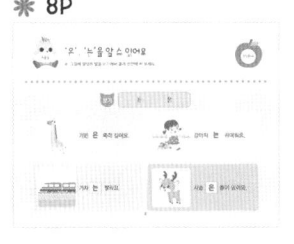
❋ 9P
❋ 10P
❋ IIP
❋ 12P

❋ 13P
❋ 14P
❋ 15P
❋ 16P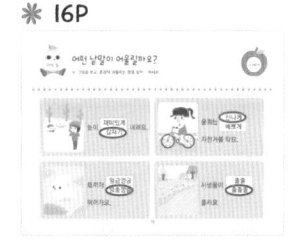
❋ 17P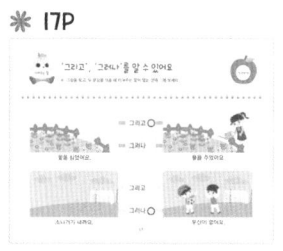
❋ 18P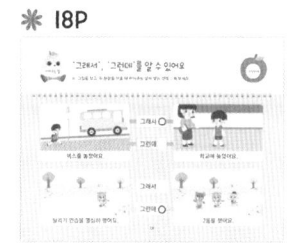

❋ 19P
❋ 20P
❋ 21P
❋ 22P

❋ 23P
❋ 24P
❋ 25P
❋ 26P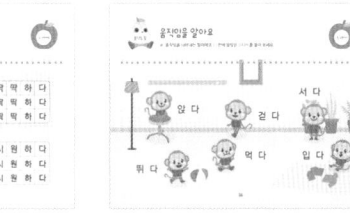

입학 전
한글떼기 6·7세

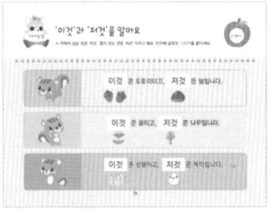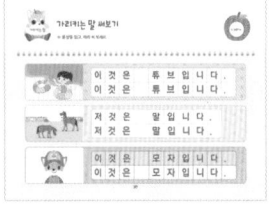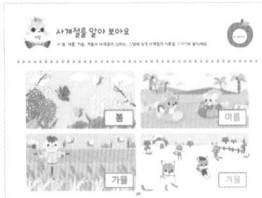
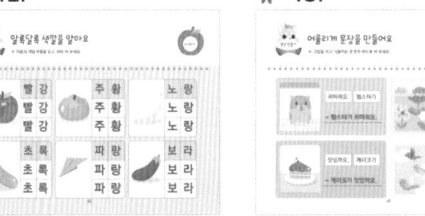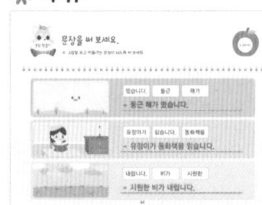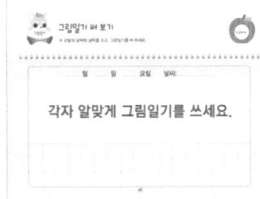
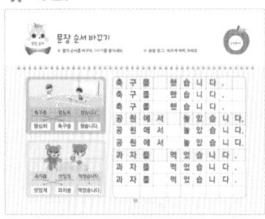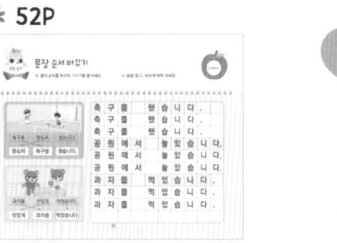

입학 전 한글떼기 6·7세

※ 53P
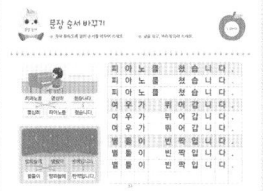

※ 54P

※ 55P

※ 56P

※ 57P
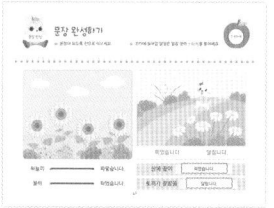

※ 58P

※ 59P
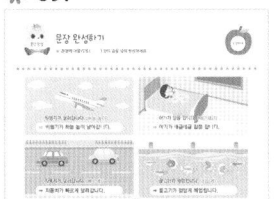

※ 60P

※ 61P

※ 62P

※ 63P

※ 64P

※ 65P

※ 66P

※ 67P

※ 68P

※ 69P

※ 70P

※ 71P

※ 72P
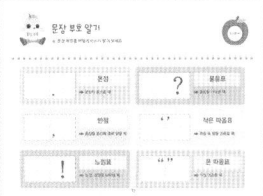

※ 73P

※ 74P

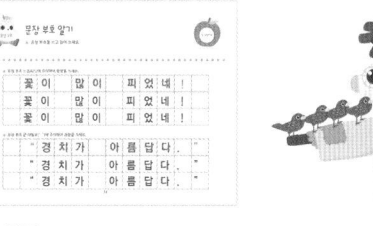

※ 75P

※ 76P

※ 77P

※ 78P

입학 전 한글떼기 6·7세

※ 79P

※ 80P

각자 알맞게 그림일기를 쓰세요.

※ 81P

※ 82P

※ 83P

까치

※ 84P

각자의 생각이나 느낌을 써 보세요.

※ 85P

각자의 생각이나 느낌을 써 보세요.

※ 86P
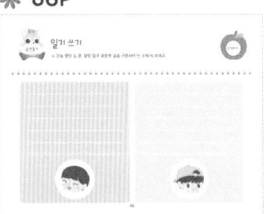

※ 87P
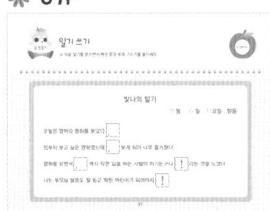

※ 88P
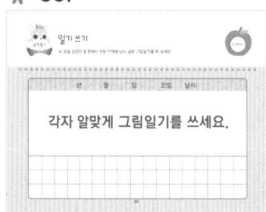

각자 알맞게 그림일기를 쓰세요.

※ 89P

※ 90P
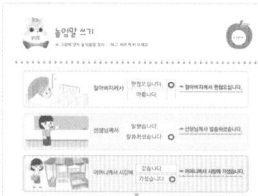

※ 91P

※ 92P

한글떼기

입학 전

6 · 7세

❋ '참 잘했어요!'에 붙여 주세요.

❋ 7P

꿀 꿀 꽥 꽥 야 옹 야 옹

꼬 끼 오 개 굴 개 굴

❋ 10P

을 를 로 으로

를 을 으로 로

❋ 12P

❋ 20P

지금 지금 어제 내일

❋ 26P

앉 다 서 다 걷 다

먹 다 뛰 다 입 다

❋ 29P

이것 이것 이것 저것 저것 저것

❋ 33P

왼 쪽 밖

아 래 앞

❋ 36P

마리

대 개 장

❋ 39P

봄 여름

가을 겨울

한글떼기 6·7세

※ '참 잘했어요!'에 붙여 주세요.

※ 52P

축구를　　열심히　　했습니다.

과자를　　맛있게　　먹었습니다.

※ 57P

피었습니다.

달립니다.

※ 64P

토끼의 다리는 짧습니다.

귀는 깁니다.

여름은 덥습니다.

겨울은 춥습니다.

※ 82P

"오늘은 동물원에 가자"

"코끼리야, 맛있게 먹으렴."

"네, 엄마."

"정말 즐거운 하루였어!"

"자, 다왔다."

※ 87P

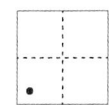 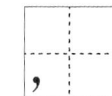 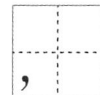 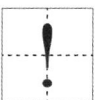 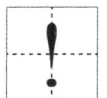

※ 89P

진지　　생신　　말씀　　께서